小学生宇宙与航天知识自主读本 6-10岁适读

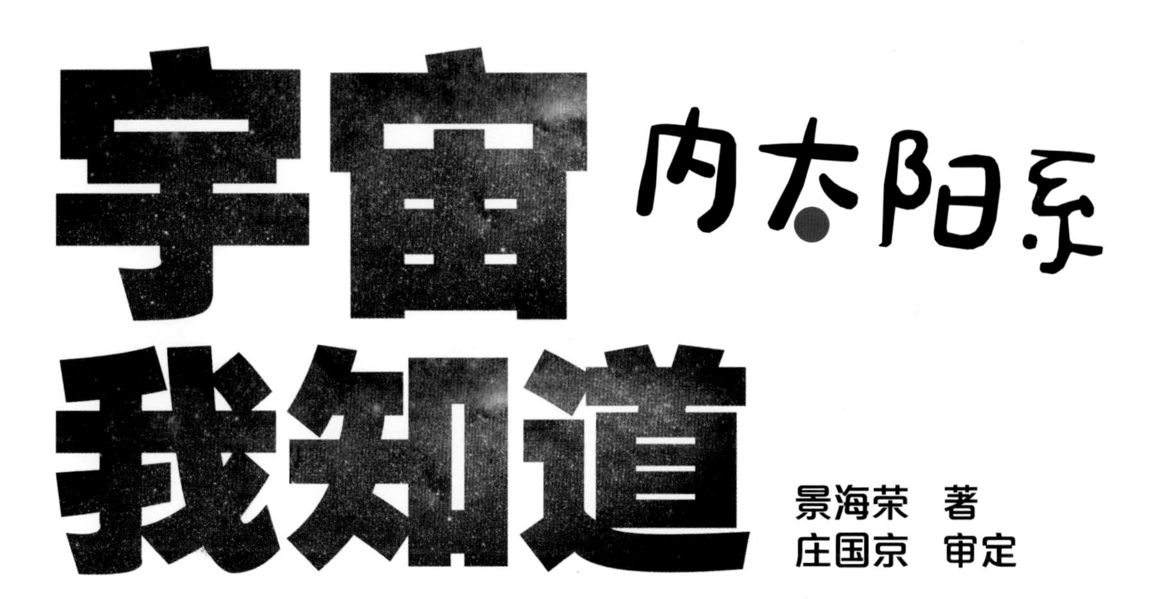


# 宇宙我知道 内太阳系

景海荣 著
庄国京 审定

中国宇航出版社
· 北京 ·

# 目录

太阳系的诞生 4~5

太阳系有多大？ 6~7

水星 10~15

金星 16~21

行星的 3 大特征
8~9

火星
24~29

地球
22~23

航天迷 问不倒
32

小行星带
30~31

（图源：NASA）

# 太阳系的诞生

关于太阳系的起源，有很多假说，经过数百年的观测和研究，科学家普遍认同星云假说——在太阳系形成之前，宇宙空间存在着一种像云雾般弥漫的原始物质，主要是气体和尘埃。在自身引力的作用下，它们构成的原始星云不断坍缩和旋转，并产生旋涡，渐渐变成像铁饼一样扁平的形状。随着星云继续坍缩，它的旋转速度越来越快，离心力也越来越大，慢慢分化成大小不一的物质环。最后，星云的核心部分吸收周边巨大的能量，形成了原始太阳。核心之外的物质环继续坍缩，逐渐形成了八大行星等天体。太阳系就这样诞生了！

（图源：NASA）

# 太阳系有多大？

一提起太阳系，大家就会想到太阳和围绕它公转的八大行星。实际上，它们只是太阳系的核心部分，太阳系还有着更辽阔的空间。海王星是太阳系最外侧的一颗行星，距离太阳约 46 亿千米。但它并不是太阳系的尽头，外围还有距离太阳约 65 亿千米的柯伊伯带小天体，以及更遥远的奥尔特云。奥尔特云是一个球形云团，它包裹着整个太阳系，距离太阳大约为一光年左右。我们只有到达了奥尔特云外围，才能知道太阳系的真实大小！

**金星**

直径62厘米
离体育馆5.5千米

**月亮**

月球
直径18

**地球**

直径65厘米
（差不多健身球那么大
离体育馆7.6千米

**水星**

直径25厘米
（差不多篮球那么大）
离体育馆2.9千米

**太阳**

如果太阳像一座直径110米的球形体育馆，那么……

哇，原来太阳系这么大！在这本书里，我们先来了解内太阳系的 4 颗行星和小行星带吧！

## 海王星

直径2.5米
离体育馆229千米

## 土星

直径6.1米
离体育馆73千米

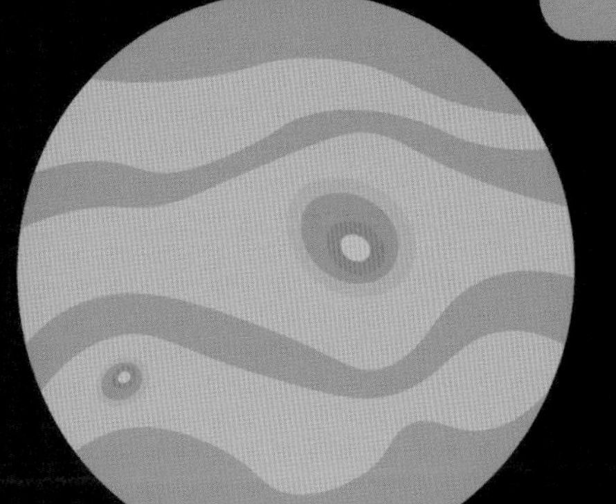

## 木星

直径7.3米
离体育馆40千米

## 天王星

直径2.6米
离体育馆143千米

## 火星

直径35厘米
离体育馆11.6千米

（图源：Pixaby）

# 行星的 3 大特征

在认识行星之前，我们先来了解一下行星的 3 大特征：

1. 必须围绕恒星运转。

2. 质量要足够大，能保持球形。

3. 必须清除轨道附近区域的小行星，公转轨道上不能有比它更大的天体。

太阳系八大行星都符合这 3 大特征。冥王星原本是第九大行星，但因为不符合第三大特征，最终被确定为矮行星。

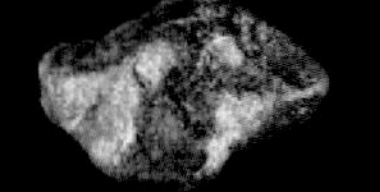

（图源：NASA）

# 水星

## *Mercury*

中国古代把水星称为“辰星”，西方人叫它“墨丘利”——罗马神话中专为众神传递信息的使者。水星是太阳系中最小的行星，也是离太阳最近的行星，体积只比月球略大。由于水星距离太阳太近了，它总是被耀眼的阳光淹没。所以，在地球上，只能在凌晨和傍晚时看到它，其他时间是看不到的。水星虽然离太阳最近，但它并不是太阳系中最热的行星。哪一颗才是呢？答案就藏在书里哦！

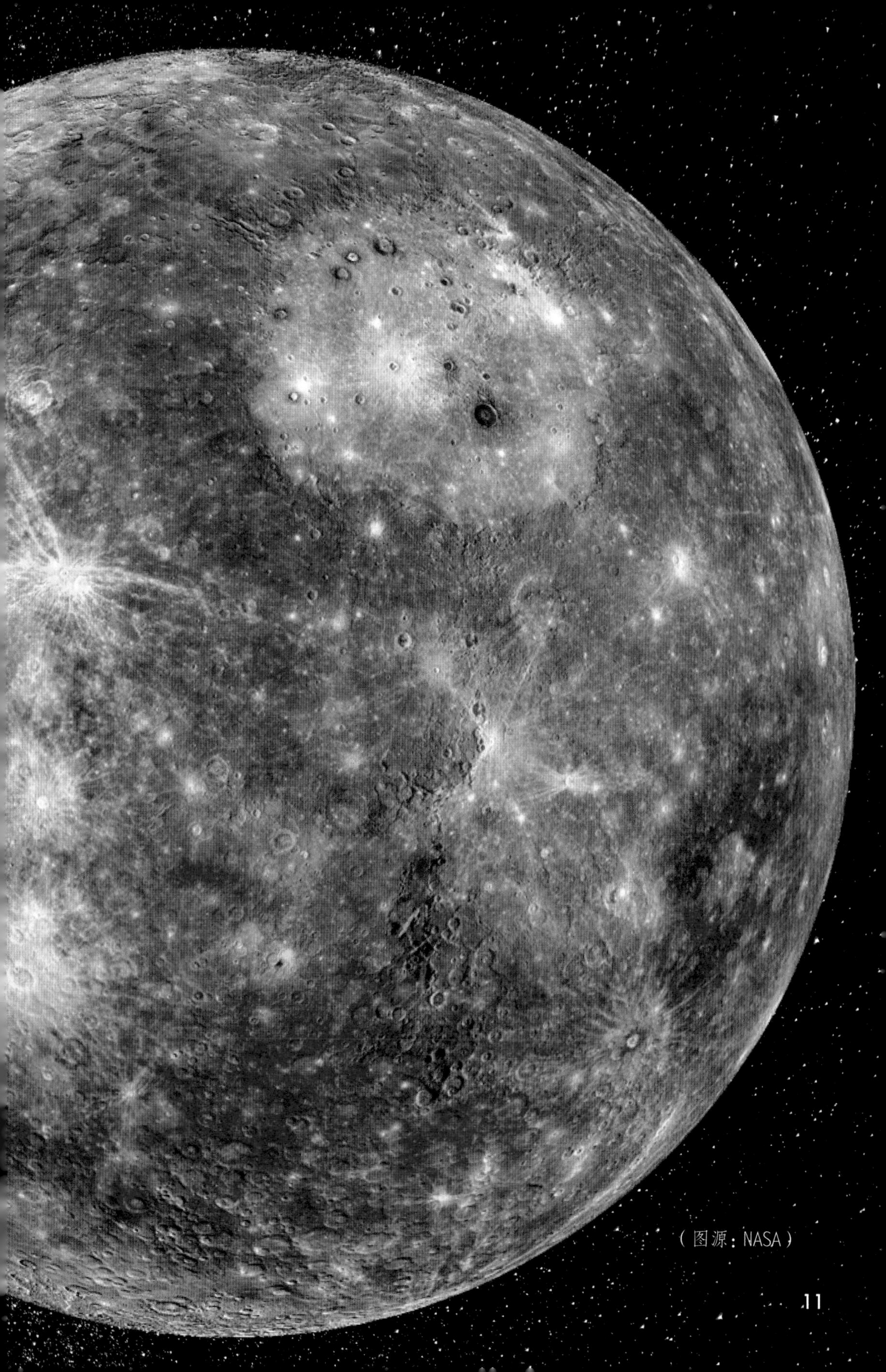
（图源：NASA）

# 水星 10 大知识点

1. 与金星、地球和火星一样，水星也是一颗岩质行星，它们都被归为类地行星。同时，水星和金星的公转轨道位于地球公转轨道的内侧，所以，它们俩也被称为内行星。

2. 水星自转比地球慢，它自转完一圈，地球已经差不多自转了 59 圈。

3. 水星上的一年过得很快，仅需 88 个地球日。

地球绕太阳一圈要多少天？

4. 水星外貌很像月球，表面密布撞击坑，最大的撞击坑直径达到 1 525 千米。

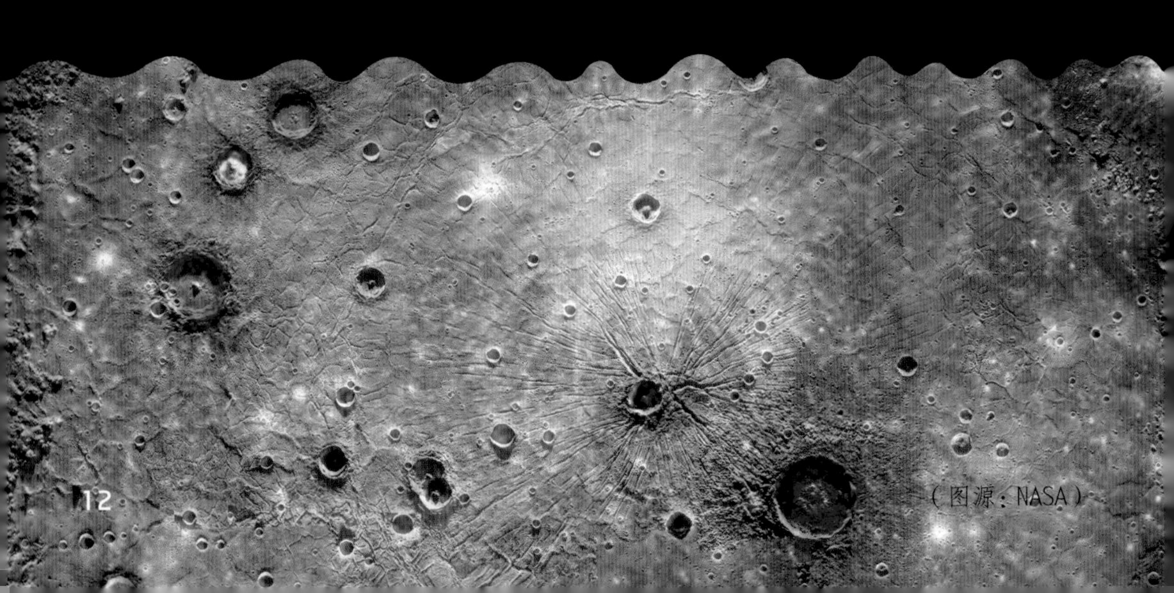

（图源：NASA）

水星飞过太阳表面的示意图（图源：NASA）

5. 水星由于引力小、磁场弱，表面仅存少量的大气分子，几乎没有大气层。

6. 从水星表面看，太阳会比从地球上看大 3 倍多，比从地球上看亮 7 倍。

想在水星上看月亮？没有！

7. 水星没有光环。

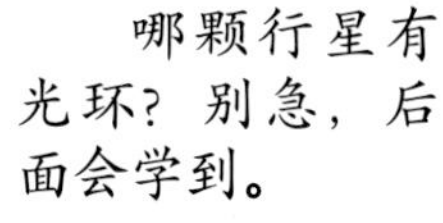


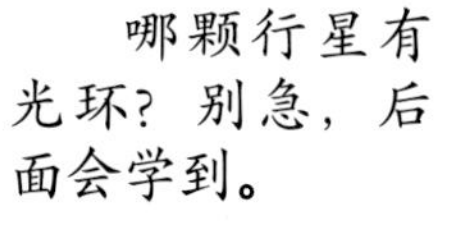

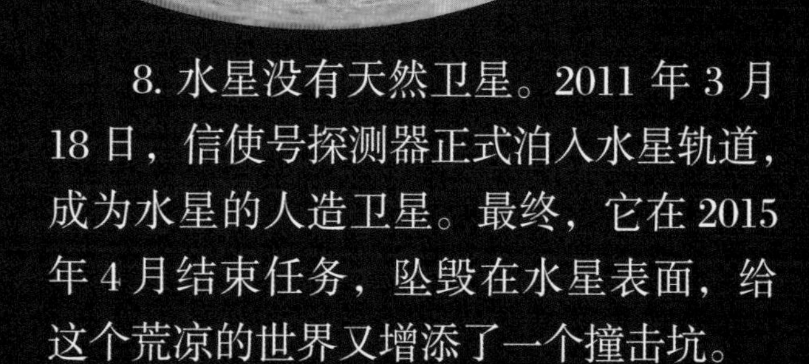

8. 水星没有天然卫星。2011 年 3 月 18 日，信使号探测器正式泊入水星轨道，成为水星的人造卫星。最终，它在 2015 年 4 月结束任务，坠毁在水星表面，给这个荒凉的世界又增添了一个撞击坑。

9. 根据信使号的精确测量，水星质量为 33 000 亿亿吨，直径为 4 879.4 千米。

10. 水星非常不适合人类直接居住，面向太阳的一面，温度可以上升到 472℃，热到足以融化铅；背向太阳的一面，温度可以骤降至 −180℃。

水星近照（图片来源：ESA / BepiColombo/MTM）

# 水星形成的奥秘

（图源：NASA）

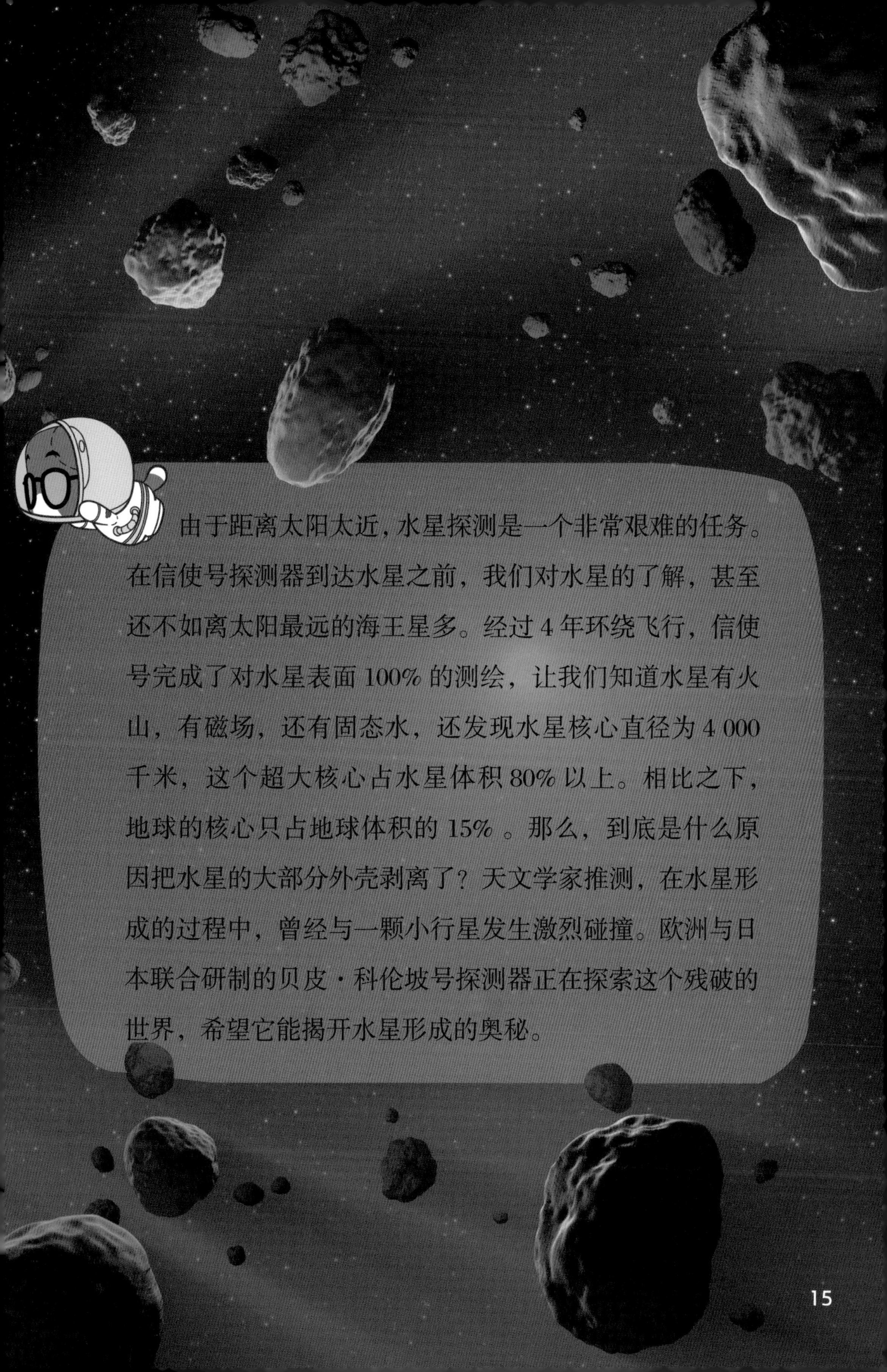

由于距离太阳太近，水星探测是一个非常艰难的任务。在信使号探测器到达水星之前，我们对水星的了解，甚至还不如离太阳最远的海王星多。经过 4 年环绕飞行，信使号完成了对水星表面 100% 的测绘，让我们知道水星有火山，有磁场，还有固态水，还发现水星核心直径为 4 000 千米，这个超大核心占水星体积 80% 以上。相比之下，地球的核心只占地球体积的 15% 。那么，到底是什么原因把水星的大部分外壳剥离了？天文学家推测，在水星形成的过程中，曾经与一颗小行星发生激烈碰撞。欧洲与日本联合研制的贝皮·科伦坡号探测器正在探索这个残破的世界，希望它能揭开水星形成的奥秘。

# 金星

## *Venus*

和水星类似，我们通常只能在黎明和黄昏看到金星。除了月亮，它就是夜空中最亮的星星了！金星就在水星和地球之间，它是离地球最近的行星。这两颗岩石行星大小差不多，有人说它们俩像双胞胎。其实，它们俩的差别可大着呢！比如，金星的大气是有毒的，根本不能呼吸；金星是太阳系最热的行星，不要说人，就连结实的探测器也只能活很短的时间……对于这个最近的邻居，我们还有很多秘密没发现。别急，几年内，将至少有 3 颗探测器去侦察它！

（图源：NASA）

# 金星 10 大知识点

1. 金星是离太阳第二近的行星，平均距离约为 1.08 亿千米。

地球到太阳的平均距离是 1.49 亿千米，比金星远多少亿千米？

2. 金星有金属内核和岩石外壳，半径大约 6 052 千米，大小和结构都与地球非常接近，常被称为地球的姊妹星。

3. 金星的天空是橙黄色的，在 45 千米高的上空，是一层厚达 25 千米的高腐蚀性硫酸云，这些有毒的云闻起来就像臭鸡蛋的气味。

4. 金星上火山密布，地形多样，既有比喜马拉雅山还高的山脉，也有长达 1 000 千米、深 6 千米的大峡谷，还有辽阔的火山平原和大型盾状火山。

5. 金星表面非常年轻，平均年龄不到 10 亿年，有的地方仅有 1.5 亿年的历史。

6. 金星拥有稠密的大气层，主要成分是二氧化碳，占约 96%，其次是占 3% 的氮。这使得金星常常出现失控的温室效应，表面的平均温度高达 462℃，是太阳系中最热的行星。

7. 金星自转非常慢，在金星上，一天可以持续 243 个地球日。然而，金星绕太阳公转的速度比地球快，所以金星上的一年只需要 225 个地球日。

8. 金星没有卫星，自转方向与大多数行星的方向相反，所以，在金星上，太阳从西边升起，在东边落下。

9. 2020 年 9 月 15 日，科学家在金星云层中发现了磷化氢，这意味着金星云层可能存在微生物。

10. 人类对太阳系行星的探测是从金星开始的，迄今为止，发往金星或路过金星的各种探测器已经超过 40 颗，获得了有关金星的大量科学数据。

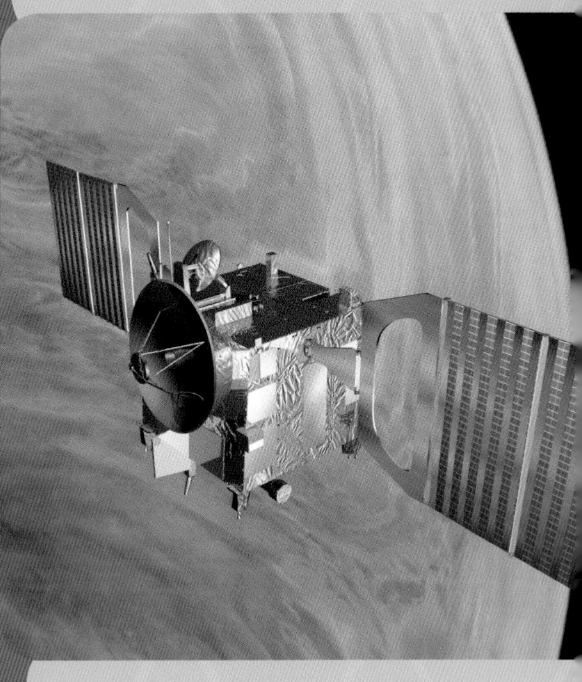

（图源：NASA / ESA）

# 恶劣的环境

这是太空美术家根据探测器数据绘制的金星表面想象图，画中可见正在喷发的火山，橙黄的天空中浓烟滚滚，熔岩在陡峭的山脊上流淌，炽热的气温让大地一片焦灼。金星为何会出现这么可怕的“地狱景观”？科学家根据太阳研究成果推测，早期的太阳比现在更热更亮，使金星上的水沸腾乃至蒸发，并促使金星出现大规模的火山爆发，释放出大量温室气体，加剧了金星的全球温室效应。这些因素造就了金星上高温、高大气压的恶劣环境。那么，我们地球会步金星的后尘吗？

（图源：NASA）

# 地球

## Earth

地球是太阳系中唯一一颗表面有液态水的星球，也是迄今为止我们所知的，唯一有生物栖息的地方。地球有一个坚实而活跃的表面，水覆盖了表面的约71%，还有山脉、峡谷、平原、盆地等多种地貌。地球大气层保护我们不受来袭的流星体的伤害，大部分流星体在撞击地球表面之前就已经解体了。大气层中还有大量氧气供我们呼吸。人类是多么幸运，拥有地球这样宜居的家园。成百上千颗人造地球卫星正在探测地球大气、海洋、冰川和磁场的变化，并把地球作为一个整体来研究，以便更好地保护地球环境，促进高质量发展。

地球和它唯一的卫星月球（图源：NASA）

# 火星

## Mars

火星是太空探索的热点星球，世界各国向火星发射了50多颗探测器，有的飞掠，有的环绕飞行，有的登陆漫游。探测器发现，火星和地球一样也有季节和天气变化，极地有冰盖，有火山和大峡谷。火星的奥林匹斯山高度超过2万米，是太阳系的最高峰。火星的水手谷是太阳系最深的峡谷。这是个尘土飞扬、寒冷、沙漠化的世界。探测器在火星冻土和稀薄的大气中发现了水分子，找到了古代洪水留下的痕迹。火星很可能将成为人类移民太空的第一站。

（图源：NASA）

# 火星 10 大知识点

1. 火星是太阳系的第 4 颗岩石星球，与太阳的平均距离约为 2.28 亿千米。

地球到太阳的平均距离是 1.49 亿千米，比火星近多少亿千米？

2. 火星的半径大约是 3 390 千米，只有地球的一半。它的体积大约是地球的 15%。

3. 火星的一天大约有 24 小时 37 分钟，一年相当于地球的 687 天。

哇，这一年好长呀！比地球年多出多少天？

4. 火星常常被称为红色星球，因为火星土壤中有大量红色的氧化铁。

5. 火星有两颗卫星，分别叫福波斯和戴摩斯。

6. 火星没有光环。

7. 火星的大气层非常稀薄，主要由二氧化碳、氩气、氮气以及少量的氧气和水蒸气构成。在火星观光必须穿宇航服。

8. 在火山、撞击、地壳运动和化学反应的作用下，火星表面的地形非常崎岖。

9. 火星是人类太空探索的热点。美国持续不断地向火星派遣探测器进行实地考察，好奇号和毅力号火星车正在火星漫游，洞察号在火星上就地取样考察，它们的主要探测任务是确定火星过去和未来可能存在生命的地方。

10. 2021 年 5 月 15 日，祝融号火星车成功着陆火星，中国成为世界上第二个实现火星软着陆的国家。

在登陆火星后的一年里，我闯荡了 2 千米，发现了很多秘密，比如水留下的痕迹！

（图源：中国国家航天局 / NASA）

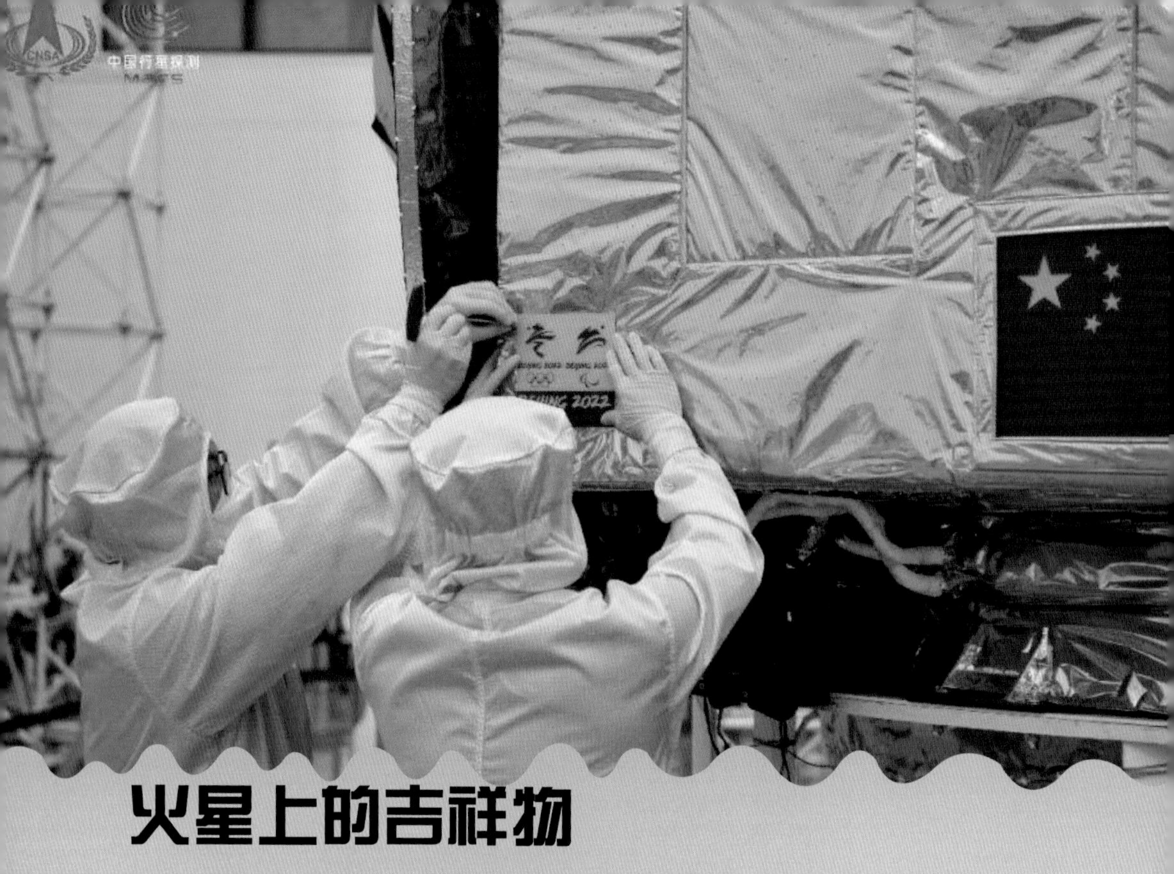


# 火星上的吉祥物

这张照片是祝融号火星车和它的可靠小伙伴——着陆平台告别时拍摄的。在照片右侧的火星表面，是祝融号的车辙，被

称为“中国印记”。看到着陆平台上鲜艳的五星红旗了吗？在它旁边，还藏着个小秘密，你发现了吗？那就是 2022 年北京冬奥会的吉祥物——冰墩墩和雪容融哦！

（图源：中国国家航天局）

# 小行星带

在火星和木星的轨道之间有一条小行星带，这里有几百万颗小行星。小行星带的形成主要有两个原因：首先，它们的质量实在太小了，加起来总共只有月球质量的4.2%，这样的质量根本无法形成一颗合格的行星；其次，太阳和木星这两个引力源把小行星东拉西扯，使得它们无法汇聚在一起，只能以小行星带的形式存在。近地小行星对地球是一个潜在的威胁，6 500万年前，就有一颗小行星撞击了地球。地球因此发生了一次大规模的生物大灭绝，在这场灾难中，恐龙最终灭绝了。

包括中国在内的多个国家正在研究近地小行星防御技术，建设完善的小行星监测预警系统，应对小行星等地外天体对地球家园的威胁。中国将发射天问二号，预计在2025年前，实现对一颗近地小行星的采样返回。

（图源：NASA）

这些问题的答案都在书里哦！

1. 关于太阳系的起源，科学家普遍认同哪种假说？

2. 中国古代把水星称为什么星？

3. 行星必须围绕哪种天体运转？

4. 在行星的公转轨道上，不能有比它更大的天体，对吗？

5. 太阳系最小的行星是哪颗？

6. 太阳系最热的行星是哪颗？

7. 金星为什么不适合人类居住？

8. 中国的火星车叫什么号？

9. 天问一号的着陆平台上，贴着什么吉祥物？

10. 小行星带位于哪两颗行星之间？

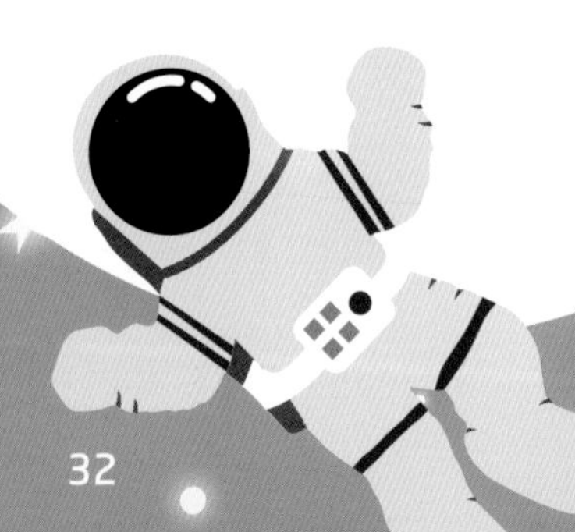